Nellie Mukiri
Simon Karanja
Joseph K. Mutai

Qualidade microbiológica da água consumida no assentamento informal

Nellie Mukiri
Simon Karanja
Joseph K. Mutai

Qualidade microbiológica da água consumida no assentamento informal

da cidade de Nairobi, Quénia: Um caso dos bairros de lata de Mukuru Fuata Nyayo

ScienciaScripts

Imprint
Any brand names and product names mentioned in this book are subject to trademark, brand or patent protection and are trademarks or registered trademarks of their respective holders. The use of brand names, product names, common names, trade names, product descriptions etc. even without a particular marking in this work is in no way to be construed to mean that such names may be regarded as unrestricted in respect of trademark and brand protection legislation and could thus be used by anyone.

Cover image: www.ingimage.com

This book is a translation from the original published under ISBN 978-613-8-50599-0.

Publisher:
Sciencia Scripts
is a trademark of
Dodo Books Indian Ocean Ltd. and OmniScriptum S.R.L publishing group

120 High Road, East Finchley, London, N2 9ED, United Kingdom
Str. Armeneasca 28/1, office 1, Chisinau MD-2012, Republic of Moldova, Europe
Printed at: see last page
ISBN: 978-620-8-17578-8

Resumo

Antecedentes: A água é um dos elementos essenciais para a vida. No entanto, também pode ser um veículo de transmissão de várias doenças. A situação é ainda pior nos aglomerados informais das zonas urbanas da África Subsariana, onde o saneamento é deficiente e a água é escassa, sendo o abastecimento irregular. A qualidade da água potável é um fator ambiental determinante para a saúde. A gestão da água potável para garantir a sua qualidade é um pilar fundamental para a prevenção de doenças de saúde pública.

Objetivo: Determinar a qualidade microbiana da água consumida pelos residentes do assentamento informal Mukuru Fuata Nyayo no Condado de Nairobi, Quénia, e as suas correlações.

Materiais e métodos: Foi realizado um estudo transversal numa povoação informal na capital do Quénia, Nairobi. Os dados qualitativos foram recolhidos através de um questionário administrado por um entrevistador aos chefes de família (HH) ou aos seus representantes. Além disso, foram recolhidas amostras de água dos agregados familiares inscritos e analisadas para deteção de coliformes, incluindo *E. coli.* Os dados foram analisados utilizando o IBM SPSS 22.0. Foram utilizadas estatísticas descritivas para resumir os dados em frequências e proporções. O cálculo das médias (desvios-padrão) e das medianas (intervalo interquartil) foi efectuado para dados com distribuição normal e não normal, respetivamente. As associações entre variáveis foram testadas utilizando o teste do qui-quadrado ou o teste exato de Fisher, quando apropriado.

Resultados

O inquérito recrutou 375 agregados familiares ou os seus representantes. A sua idade média ± desvio-padrão era de 38,1 ± 13,3 anos, com uma variação de 19 a 64 anos. A maioria dos inquiridos era do sexo masculino (66,7%), casado (64,3%), cristão (93,3%), trabalhador por conta própria (80,0%) e tinha o ensino secundário (53,3%). Uma minoria dos inquiridos referiu que a sua água de abastecimento era tratada (20,0%). Não foram detectados *E.coli* e/ou coliformes totais em 167 das 400 amostras examinadas, pelo que 41,8% (IC 95% 37,0% - 46,6%) da água consumida na área de estudo é segura para consumo humano. O facto de ser do sexo masculino está associado a um aumento de 57% na probabilidade de um agregado familiar ter água com má qualidade microbiana (odds ratio (OR) 1,572 (IC 95% 1,020 - 2,422), p=0,040). Ter um emprego assalariado (OR 3,692 (IC 95% 1,197-11,386), p=0,024), não tratar e/ou desconhecer o estado de tratamento da água de abastecimento (OR 1,907 (IC 95% 1,143-3,183), p=0,013). não tratar a água em casa (OR 1,797 (IC 95% 1,057-3.057), p=0,029), sanitas rápidas (OR 1,936 (IC 95% 1,133-3,306), p=0,015), utilização de água não tratada (OR 5,982 (IC

95% 3,712-9,642), p<0,001) também foram associados a uma maior probabilidade de ter água de má qualidade microbiana.

Conclusão

Foram observados níveis elevados de contaminação da água potável na área de estudo. Considerando que quatro em cada cinco agregados familiares nas zonas urbanas do Quénia têm acesso a fontes de água melhoradas, este inquérito mostra provavelmente os inconvenientes da utilização de fontes de água melhoradas como indicador de acesso a água segura. Também pode ser um indicador do mau manuseamento da água armazenada. É necessário efetuar mais investigação para esclarecer melhor esta questão. Há também necessidade de instituir medidas para garantir a segurança da água, como o tratamento da água a nível doméstico.

CAPÍTULO 1

INTRODUÇÃO

Universalmente, o abastecimento adequado de água potável é reconhecido como uma necessidade básica. No entanto, milhões de habitantes dos países em desenvolvimento não têm acesso a um abastecimento de água adequado e seguro. A gestão da água potável para garantir a sua qualidade é um pilar fundamental para a prevenção de doenças de saúde pública. A nível mundial, o tratamento da água e a proteção das fontes continuam a ser a base para a prevenção e o controlo das doenças transmitidas pela água. O consumo de água contaminada tem sido implicado na propagação de várias doenças infecciosas, como a diarreia, a cólera, a febre tifoide, a hepatite, a poliomielite, a criptosporidiose, a ascaridíase e a esquistossomose. Entre estas doenças transmitidas pela água, a diarreia constitui uma grande preocupação. Estima-se que a incidência global de diarreia seja de 4,6 mil milhões de pessoas, ocasionando 2,2 milhões de mortes por ano (Organização Mundial de Saúde (OMS) 2008). Nos países em desenvolvimento, estima-se que um terço das mortes seja atribuível ao consumo de água contaminada e que até um décimo do tempo produtivo de cada indivíduo seja perdido devido a doenças relacionadas com a água (OMS 1997).

No Quénia, as doenças diarreicas são uma das principais causas de morbilidade nas crianças, sendo o fardo mais pesado nas crianças que vivem nos bairros de lata. De facto, uma investigação realizada pelo African Population and Health Research Center (APHRC) nos bairros informais de Nairobi mostrou que a prevalência de diarreia entre as crianças com menos de 5 anos era de 32%. Esta prevalência era o dobro da prevalência média de diarreia entre crianças com menos de 5 anos registada em Nairobi e a nível nacional durante o mesmo período (APHRC 2002).

As comunidades informais situadas na periferia das zonas urbanas são uma caraterística comum das populações em rápida urbanização em África (Kimani-Murage & Ngindu, 2007, Binns et al 2012). Estas comunidades são compostas por populações fragmentadas de migrantes, famílias sem direitos e pobres urbanos intergeracionais. Dado o estatuto informal destas comunidades, existe normalmente pouco ou nenhum abastecimento formal de água e nenhuma infraestrutura formal de águas residuais, pelo que alcançar a segurança da água no contexto do abastecimento informal é um grande desafio (Smiley 2013, Misra 2014, Kooy 2014). Estas comunidades são obrigadas a comprar água a vendedores de pequena escala ou a captar água de fontes de águas superficiais ou subterrâneas frequentemente pouco fiáveis e pouco seguras (Misra, 2014, Kooy 2014). Essas águas são de qualidade inferior à óptima no contexto dos elevados níveis de contaminação ambiental que são comuns nos aglomerados informais nos contextos urbanos dos países em desenvolvimento. As más práticas sanitárias, como a eliminação incorrecta de excrementos e a má gestão dos resíduos nestes aglomerados, acabam por resultar na contaminação da água e, em última análise, em surtos de doenças transmitidas pela água. Do mesmo modo, o congestionamento dos bairros de lata não permite uma distância adequada entre as fontes de água subterrânea e as latrinas de fossa, o que permite que os microrganismos fecais contaminem a água. Apesar destas condições e da elevada incidência de doenças diarreicas, existe uma escassez de informação publicada sobre a qualidade microbiana da água consumida pelos residentes destes aglomerados. O presente estudo procurou colmatar esta lacuna, documentando a qualidade microbiológica da água de consumo doméstico na povoação informal de Mukuru Fuata Nyayo, no condado de Nairobi, Quénia. O estudo também procurou determinar os factores associados à qualidade microbiológica da água na povoação.

CAPÍTULO 2

MATERIAIS E MÉTODOS

Desenho do estudo: O estudo utilizou um desenho de estudo descritivo e transversal

Local do estudo: O estudo foi realizado na povoação informal de Mukuru Fuata Nyayo, situada a três milhas a leste do distrito comercial central de Nairobi, no condado de Nairobi. A povoação é uma zona altamente povoada com cerca de 1500 estruturas e, embora o tamanho dos agregados familiares varie, a maioria é composta por apenas uma pessoa. Mais de 95% dos residentes são inquilinos e menos de 80 proprietários de estruturas residem na povoação. A maioria dos proprietários de estruturas aproveita a necessidade de ter casas perto do trabalho, pelo que constroem algumas estruturas improvisadas para evitar o pagamento de rendas. No entanto, a proximidade da maior zona industrial do Quénia faz com que seja uma residência atractiva para os trabalhadores industriais, a maioria dos quais se instala ali com as suas famílias e desenvolve pequenos negócios, como a venda de alimentos, a gestão de estabelecimentos recreativos como bares e salas de vídeo.

População do estudo: A população do estudo era constituída pelos chefes de família, ou seus representantes, residentes na povoação informal de Mukuru Fuata Nyayo.

Método de amostragem: Foi utilizada uma amostragem aleatória sistemática no recrutamento dos agregados familiares do estudo. O primeiro agregado familiar foi selecionado aleatoriamente no centro do bairro de lata. Com a ajuda de uma caneta, percorremos as casas numa linha mais ou menos diagonal. O chefe de cada 5th casa, ou o seu representante, foi convidado a participar no estudo.

Recolha de dados: Foi aplicado aos inquiridos um questionário semi-estruturado administrado por um entrevistador. O questionário recolheu dados sobre as caraterísticas sociodemográficas dos inquiridos, atributos económicos selecionados do agregado familiar, caraterísticas da água consumida no agregado familiar, método de eliminação de resíduos humanos e outros aspectos relacionados com o saneamento. As amostras de água foram recolhidas de forma asséptica utilizando frascos esterilizados. As amostras foram transportadas para o laboratório de microbiologia no prazo de 2 horas após a recolha para análise. A contaminação fecal foi determinada pelo isolamento de organismos indicadores, incluindo coliformes totais e *E. coli.* Foram utilizadas tabelas de McCrady para definir as estimativas do número mais provável (NMP) de coliformes por 100 ml de água.

Gestão e análise dos dados: Os dados foram introduzidos na base de dados Microsoft Excel. Depois de limpos, agrupados e codificados, os dados foram exportados para o IBM SPSS 22.0 para análise estatística. Foram utilizadas estatísticas descritivas para resumir os dados. Para o efeito, foram calculadas frequências, proporções, médias e medianas. Os testes de associação foram efectuados utilizando os testes do qui-quadrado (χ^2) de independência ou o teste exato de Fisher, quando apropriado. O limiar de significância estatística para o teste de hipóteses foi fixado em $p < 0,05$.

Ética: A autorização ética para a realização do estudo foi obtida junto do Comité Científico e de Ética do KNH/UoN. Foi também pedida autorização às autoridades competentes do Ministério da

Saúde, incluindo o diretor dos Laboratórios Nacionais de Saúde Pública. Foi obtido o consentimento informado por escrito de cada participante antes da realização de qualquer entrevista. Para manter a confidencialidade, não foi recolhida qualquer informação pessoal e foram utilizados identificadores únicos para ligar os dados recolhidos nas entrevistas e os resultados laboratoriais. Todos os registos do estudo foram mantidos num local seguro. Os participantes cuja água foi considerada imprópria para consumo foram sensibilizados para as diferentes formas de garantir a qualidade da água, incluindo o tratamento.

CAPÍTULO 3

RESULTADOS

Caraterísticas dos agregados familiares participantes e dos inquiridos

Foi recrutado um total de 375 participantes no inquérito. A idade dos inquiridos variou entre os 19 e os 64 anos, sendo a média ± desvio-padrão (dp) de 38,1 ± 13,3 anos. Os que tinham 25 anos ou menos e mais de 55 anos eram 13,3% em cada caso. Além disso, 33,3% e 20,0% dos agregados familiares tinham entre 26 e 35 anos e entre 36 e 45 anos, respetivamente. A maioria dos agregados familiares era do sexo masculino (66,7%), casada (64,3%), cristã (93,3%), trabalhadora por conta própria (80,0%), tinha o ensino secundário (53,3%) e residia na área de estudo há mais de cinco anos (64,3%). O rendimento mensal do agregado familiar era inferior a KSh. 5.000 em 20,0% dos agregados familiares estudados, enquanto os agregados familiares com um rendimento mensal superior a KSh. 20.000 eram 40,0%.

Caraterísticas da água consumida nos agregados familiares estudados

A maioria dos agregados familiares dependia de fornecedores para o abastecimento de água (80,0%), sendo a Nairobi Water & Sewerage Company a principal fonte de abastecimento de água em 13,3% dos agregados familiares. Quando questionados sobre se o abastecimento de água era sempre ininterrupto, a maioria dos participantes no estudo respondeu negativamente (66,7%). Um total de 350 agregados familiares (93,3%) comprava água regularmente. Os inquiridos que consideravam que a água que consumiam em casa não era segura (300, 80,0%), citaram a água que passava por esgotos (33,3%), o "cheiro a esgoto" (25,0%) e o "sabor a esgoto" (16,7%) como alguns dos factos que fundamentavam a sua opinião. A maioria dos inquiridos que não tratava a água utilizada em casa (20,0%), referiu que a considerava demorada e dispendiosa (66,7%).

Instalações e práticas de saneamento

A maioria dos agregados familiares dos inquiridos tinha acesso a uma casa de banho (93,3%). A proporção de agregados familiares que tinham casas de banho situadas no exterior e no interior da casa era de 85,7% e 7,1%, respetivamente. As latrinas de fossa utilizadas por 223 agregados familiares (59,5%) estavam situadas perto de um ponto de água, tendo 125 inquiridos (59,5%) referido que as latrinas de fossa inundavam durante a estação das chuvas. Dos 225 agregados familiares (60,0%) que afirmaram a presença da prática de defecação ao ar livre, 100 (44,4%) e 125 (55,6%) disseram que os locais de defecação eram caminhos para os agregados familiares e no recinto, respetivamente. Além disso, os inquiridos de 175 agregados familiares (46,7%) referiram que as "casas de banho voadoras" eram predominantes na área de estudo.

Qualidade microbiana da água

Quatrocentas amostras (60,8% tratadas e 39,3% não tratadas) foram avaliadas quanto à qualidade microbiana. Um total de 224 amostras (56,0%; intervalo de confiança de 95% (IC) 51,1% - 60,8%) foram positivas para coliformes totais, sendo a densidade mediana (IQR) de 350 (14 - 1800) unidades formadoras de cólon (CFUs)/100 ml de água.

Análises posteriores revelaram a presença de *E. coli* em 79 das 224 amostras positivas para coliformes (35,3%). A densidade mediana (IQR) de *E. coli* foi de 8 (4 - 25) UFCs/100 ml de água. Com base na densidade de coliformes e de *E. coli*, 176 (44,0%) e 321 (80,3%) amostras, respetivamente, foram classificadas como seguras para consumo humano (contagens zero). Globalmente, 167 amostras de água (41,8%; IC 95% 37,0% - 46,6%) foram classificadas como boas/aptas para consumo humano, uma vez que não foram detectados *E. coli* e/ou coliformes totais.

As amostras de água que foram classificadas como de "risco muito elevado" (>1000 UFCs/100 ml) com base na contagem de coliformes totais e *E. coli* foram 108 (27,0%) e 8 (2,0%), respetivamente. Os coliformes totais e *a E. coli* não foram detectados nas amostras de água de 44% e 80% dos agregados familiares, pelo que estes foram classificados como tendo água segura com base na consideração de cada um destes dois parâmetros separadamente (Figura 1).

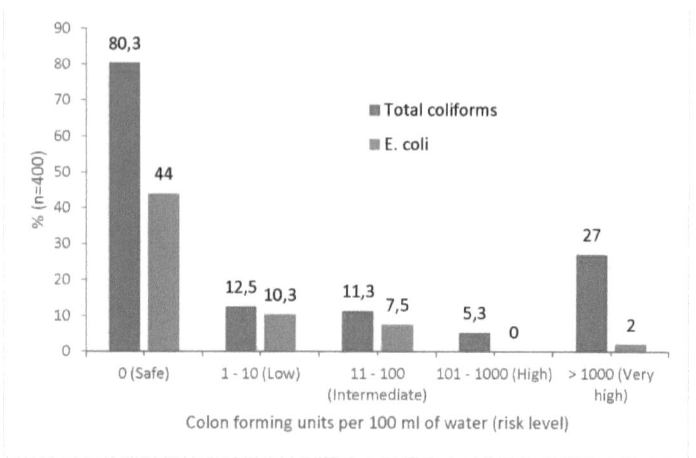

Figura 1 - Densidade microbiana das amostras de água e respectivos níveis de risco

Factores associados à qualidade microbiana da água Factores sociodemográficos e qualidade microbiana da água

Os preditores putativos da qualidade microbiana da água foram avaliados em 375 amostras (268 (37,0%) de má qualidade microbiana e 167 (39,5%) de boa qualidade microbiana) cujos dados correspondentes no inquérito aos agregados familiares estavam disponíveis. A idade média ± erro padrão (se) dos chefes dos agregados familiares cuja qualidade da água era má não foi estatisticamente diferente daqueles cujas amostras eram de boa qualidade microbiana (37,0±0,91 versus 39,5±1,04 anos, respetivamente, p=0,067). Os agregados familiares cujos chefes eram do sexo masculino tinham 57% mais probabilidades de ter água com má qualidade microbiana (odds ratio (OR) 1,572 (IC 95% 1,020 - 2,422), p=0,040). Os agregados familiares cujos membros residiam na área de estudo há três a cinco anos tinham uma probabilidade 83% maior de ter água de má qualidade quando comparados com os seus homólogos que residiam na área há mais tempo (OR 1,826 (IC 95% 1,124-2,965), P=0,014). A qualidade microbiana da água não foi significativamente diferente nos agregados familiares cujos residentes viviam na zona há um ano ou menos, quando comparados com os agregados familiares cujos membros residiam na zona há mais de seis anos ou mais (OR 1,113 (IC 95% 0,487-2,544), P=0,800). O estado civil, a religião, a educação e o tipo de casa não foram factores de previsão significativos da qualidade microbiana da água. Os agregados familiares com um a dois membros tinham maior probabilidade de ter água de má qualidade microbiana em comparação com os que tinham mais de cinco membros (OR 1,974 (IC 95% 1,105-3,527), p=0,021). Verificou-se que uma maior proporção de amostras de água de agregados familiares com um número de membros entre três e cinco pessoas era de má qualidade quando comparada com as amostras de agregados familiares com mais de cinco membros (52,8% versus 44,0%, respetivamente). No entanto, esta associação não foi estatisticamente significativa (p=0,228) (Tabela 1).

Tabela 1 - Factores sociodemográficos e qualidade microbiana da água

Characteristic	Category	Quality Poor n	%	Good(n=167) n	%	OR (95% CI)	P-value
Sex	Male	148	59.	102	40.8	1.572(1.020 -	0.040
	Female	60	48.	65	52.0	Ref	
Marital status	Married	118	52.	107	47.6	1.654(0.713-	0.238
	Single	60	60.	40	40.0	2.250(0.920-	0.072
	Divorced/Separated	10	40.	15	60.0	Ref	
Religion	Christian	198	56.	152	43.4	1.954(0.854-	0.107
	Muslim	10	40.	15	60.0	Ref	
Education	Primary	66	52.	59	47.2	0.526(0.264 -	0.066
	Secondary	108	54.	92	46.0	0.552(0.287-	0.074
	Tertiary	34	68.	16	32.0	Ref	
Type of	Permanent	31	62.	19	38.0	1.364(0.740-	0.318
	Semi-permanent	177	54.	148	45.5	Ref	
Years of	< 3	13	52.0	12	48.0	1.113(0.487-	0.800
	3 - 5	64	64.0	36	36.0	1.826(1.124-	0.014
	6 - 10	111	49.	114	50.7	Ref	
Household	1 - 2	76	60.	49	39.2	1.974(1.105-	0.021
	3 - 5	66	52.	59	47.2	1.424(0.801-	0.228
	> 5	33	44.	42	56.0	Ref	

Factores económicos, atributos relacionados com a água e qualidade microbiana da água

Os agregados familiares cuja principal fonte de subsistência era um emprego por conta de outrem tinham maior probabilidade de ter água de má qualidade microbiana do que os agregados familiares em que o agregado familiar estava desempregado (OR 3,692 (IC 95% 1,197-11,386), p=0,024). Os agregados familiares com trabalhadores por conta própria e os agregados familiares sem trabalhadores por conta de outrem não apresentaram diferenças significativas no que respeita à qualidade microbiana da água (p=0,793). A análise do rendimento mensal dos agregados familiares e da prevalência de amostras de água de má qualidade microbiana revelou uma relação inversa, embora a tendência observada não fosse significativa, como se mostra na Tabela 4.6. Os agregados familiares cujos agregados familiares referiram que a água que consumiam não era tratada ou não tinham a certeza do seu estado de tratamento tinham uma probabilidade 97% maior de ter água de má qualidade microbiana (OR 1,907 (95% CI 1,143-3,183), p=0,013). A água de má qualidade microbiana foi mais referida nos agregados familiares que declararam não tratar a água do que naqueles que a tratavam (66,7% contra 52,7%, respetivamente, OR 1,797 (95% CI 1,057-3,057), p=0,029). O tipo de tratamento de água utilizado a nível doméstico não foi associado à qualidade microbiana da água (OR 1,154 (IC 95% 0,705-1,890), P=0,568). A principal fonte de água potável, o facto de o agregado familiar armazenar ou não água e o facto de a água ser armazenada em casa, bem como as caraterísticas do recipiente de armazenamento, não foram associados à qualidade microbiana da água (Tabela 2).

Quadro 2 - Factores económicos, atributos relacionados com a água e qualidade microbiana da água

Characteristic	Category	Quality				OR(95% CI)	P-value
		Poor		Good			
		n	%	n	%		
Employment status	Salaried job	20	80.0	5	20.0	3.692(1.197-11.386)	0.024
	Self employed	162	54.0	138	46.0	1.084(0.595-1.973)	0.793
	Not employed	26	52.0	24	48.0	Ref	
Monthly income (KSh)	0 – 5000	46	61.3	29	38.7	1.246(0.708-2.194)	0.445
	5001 – 10,000	23	46.0	27	54.0	0.669(0.352-1.273)	0.220
	10,001 – 15,000	29	58.0	21	42.0	1.085(0.568-2.073)	0.805
	> 20,000	84	56.0	66	44.0	Ref	
Main source of drinking	NWSC*	33	66.0	17	34.0	1.525(0.571-	0.399

water						4.075)	
	Vendors	161	53.7	139	46.3	0.910(0.400-2.070)	0.822
	Borehole	14	56.0	11	44.0	Ref	
Water supply treated	No/Do not know	176	58.7	124	41.3	1.907(1.143-3.183)	0.013
	Yes	32	42.7	43	57.3	Ref	
Treats water in the house	No	50	66.7	25	33.3	1.797(1.057-3.057)	0.029
	Yes	158	52.7	142	47.3	Ref	
Type of treatment	Boiling	55	55.0	45	45.0	1.154(0.705-1.890)	0.568
	Chlorination	90	51.4	85	48.6	Ref	
Stores water	Yes	178	54.8	147	45.2	0.807(0.440-1.481)	0.488
	No	30	60.0	20	40.0	Ref	
Water storage container	Open container	194	55.4	156	44.6	0.977(0.431-2.213)	0.956
	Covered	14	56.0	11	44.0	Ref	

**Nairobi Water & Sewerage Co.*

Manter a água potável num recipiente separado, ter os recipientes de armazenamento elevados acima do nível do solo, o tamanho da abertura dos recipientes e o método utilizado para ir buscar água aos recipientes não mostraram associações significativas com a qualidade microbiana da água nos agregados familiares estudados. Outros factores que não se associaram significativamente à qualidade microbiana da água incluíram: o recipiente utilizado para retirar água do recipiente de armazenagem ser limpo regularmente ou ser mantido numa superfície limpa, o recipiente de armazenagem ser limpo regularmente, o período de armazenagem da água, o acesso a uma casa de banho e a localização das casas de banho. Os agregados familiares com retretes rápidas apresentavam um risco mais elevado de ter água de má qualidade microbiana do que os que tinham latrinas de fossa (OR 1,936 (IC 95% 1,133-3,306), $p=0,015$). Os agregados familiares que utilizavam água não tratada tinham aproximadamente 6 vezes mais probabilidades de consumir água de má qualidade microbiana (OR 5,982 (IC 95% 3,712-9,642), $p<0,001$). Outros fatores avaliados não foram preditores significativos da qualidade microbiana da água, como mostra a Tabela 3.

Tabela 3 - Qualidade microbiana da água e manuseamento da água armazenada e saneamento

Characteristic	Category	Quality				OR(95% CI)	P-value
		Poor		Good			
		n	%	*n*	%		
Drinking water kept in a separate	Yes	79	52.7	71	47.3	0.828(0.547-1.254)	0.373
	No	129	57.3	96	42.7	Ref	
Container kept above the floor level	Yes	76	50.7	74	49.3	0.699(0.456-1.071)	0.100
	No	119	59.5	81	40.5	Ref	
Nature of water containers opening	Narrow	198	56.6	152	43.4	1.954(0.854-4.470)	0.107
	Wide	10	40.0	15	60.0	Ref	
Fetch water from the drinking	Dipping	43	57.3	32	42.7	1.145(0.557-2.352)	0.713
	Pouring	138	55.2	112	44.8	1.050(0.571-1.931)	0.876
	Container	27	54.0	23	46.0	Ref	
Container used to draw water from	Yes	112	56.0	88	44.0	2.263(0.955-5.363)	0.059
	No	9	36.0	16	64.0	Ref	
Container used to draw water kept on	Yes	112	56.0	88	44.0	1.175(0.631-2.186)	0.611
	No	26	52.0	24	48.0		
Water storage container cleaned	Yes	122	54.2	103	45.8	1.036(0.614-1.750)	0.894
	No	40	53.3	35	46.7	Ref	
Water storage period	1 day	16	64.0	9	36.0	1.577(0.675-3.679)	0.306
	2 days	33	66.0	17	34.0	1.721(0.919-3.224)	0.087
	>2 days	159	53.0	141	47.0	Ref	
Accessible toilet/latrine	Yes	194	55.4	156	44.6	0.977(0.431-2.213)	0.956
	No	14	56.0	11	44.0	Ref	
Location of toilets	In the	13	52.0	12	48.0	0.874(0.386-1.980)	0.748
	Outside the	166	55.3	134	44.7	Ref	
Type of toilet	Flash toilet	51	68.0	24	32.0	1.936(1.133-3.306)	0.015
	Pit latrine	157	52.3	143	47.7	Ref	
Pit latrines near the water point	Yes	122	54.7	101	45.3	0.927(0.612-1.404)	0.720
	No	86	56.6	66	43.4	Ref	
Distance between latrines and water	≤5	119	52.9	106	47.1	0.813(0.437-1.511)	0.512
	6-10	46	61.3	29	38.7	1.149(0.554-2.381)	0.709
	>10	29	58.0	21	42.0	Ref	
Flooding during rainy season	Yes	122	54.2	103	45.8	0.844(0.542-1.313)	0.451
	No	73	58.4	52	41.6	Ref	
No. of houses per toilet	4 - 6	14	56.0	11	44.0	1.023(0.452-2.318)	0.956
	≥7	194	55.4	156	44.6	Ref	
Open defecation	Yes	124	55.1	101	44.9	0.965(0.636-1.462)	0.865
	No	84	56.0	66	44.0	Ref	

Existence of '*flying toilet*'	Yes	98	56.0	77	44.0	1.041(0.692-1.566)	0.846
	No	110	55.0	90	45.0	Ref	
Drainage system	Open	147	53.5	128	46.5	0.734(0.461-1.171)	0.194
	Closed	61	61.0	39	39.0	Ref	
Disposal of garbage	Open space	40	53.3	35	46.7	0.898(0.540-1.492)	0.678
	Designated	168	56.0	132	44.0	Ref	
Water treatment status	Untreated	120	79.5	31	20.5	5.982(3.712-9.642)	<0.001
	Treated	88	39.3	136	60.7	Ref	

CAPÍTULO 4

DISCUSSÃO

O presente estudo relata a qualidade microbiana da água numa povoação informal em Nairobi e a sua relação com vários factores a nível individual e familiar. Apenas um em cada cinco inquiridos afirmou que o abastecimento de água que o agregado familiar utilizava era do tipo melhorado/tratado. Além disso, de cada cinco agregados familiares visitados, três tinham água imprópria para consumo humano por estar contaminada com coliformes. De acordo com o Inquérito Demográfico e de Saúde do Quénia, a proporção da população com acesso a uma fonte de água melhorada está estimada em 66,9%. Além disso, as populações das zonas urbanas têm maior acesso a fontes de água melhoradas em comparação com as zonas rurais (85,7% contra 57,0%, respetivamente) (KNBS 2015). As conclusões do inquérito atual indicam que o acesso a fontes de água melhoradas pode não se traduzir necessariamente em acesso a água segura. Isto também pode apontar para a necessidade de incorporar o aspeto da qualidade microbiana da água como parte dos inquéritos sobre o acesso à água. Por outro lado, os resultados talvez revelem as grandes disparidades no acesso à água segura num ambiente urbano. Grandes inquéritos como os realizados pelo KNBS podem não conseguir captar essas heterogeneidades. Assim, os inquéritos localizados podem ser úteis para revelar as desigualdades e identificar áreas que podem necessitar de uma intensificação das intervenções com vista a resolver esses desequilíbrios. Uma vez que as amostras foram colhidas em contentores de armazenamento e não nas fontes, como rios, canos e poços, é provável que os resultados do nosso estudo sejam um reflexo das práticas pouco higiénicas dos residentes no que diz respeito ao armazenamento e à retirada de água desses contentores. Para além do manuseamento não higiénico da água doméstica armazenada, a água também pode ter sido contaminada a outros níveis, incluindo nas captações de água e/ou no sistema de distribuição (por exemplo, através de tubos com fugas ou infra-estruturas obsoletas). A investigação feita noutras regiões também indicou que podem ser necessárias medidas para além da definição tradicional de "fonte melhorada" para garantir água verdadeiramente segura. Por exemplo, um inquérito efectuado no Peru, onde o acesso a água melhorada é elevado (mais de 90% dos agregados familiares utilizam uma fonte de água melhorada), relatou uma proporção quase semelhante de água não segura, com 43% das amostras de água armazenada a serem relatadas como contaminadas com *E. coli* (Heitzinger et al 2015). Uma equipa liderada por Welch conduziu um estudo em comunidades rurais de Trinidad que descobriu que detectou coliformes totais em 57% das amostras recolhidas de agregados familiares que recebiam água tratada e canalizada (Welch et al 2000). No oeste do Quénia, Grady et al (2015) também observaram prevalências igualmente elevadas de E. *coli* em amostras recolhidas de fontes de água melhoradas.

Uma avaliação da qualidade da água potável em áreas urbanas do Paquistão mostrou que 62,5% das conexões domésticas amostradas estavam contaminadas com coliformes, portanto, não eram seguras para consumo (Haydar et al 2016). A prevalência muito mais elevada de contaminação da água observada neste estudo, quando comparada com o nosso estudo, deve-se provavelmente ao facto de o primeiro ter sido realizado durante uma monção húmida, enquanto o segundo foi realizado numa estação seca. Haydar et al (2016) postularam que a elevada contaminação pode dever-se a três razões: (1) fornecimento intermitente de água que permite a entrada de quaisquer águas residuais no sistema de distribuição através de juntas deficientes durante as condições de ausência de fluxo; (2) disposição das condutas de água nas proximidades das linhas de esgotos e (3) sobrecarga dos canais de esgotos e dos esgotos que, na maioria dos casos, permanecem bloqueados. É altamente provável que estas condições, entre outras, possam também explicar a contaminação observada nos aglomerados informais que analisámos. Na Indonésia, Sodha et al (2011) relataram uma maior prevalência de água insegura, com 51% das amostras de água armazenada contendo *E. coli.* A diferença nos resultados pode ser atribuída, pelo menos em parte, a diferenças nos locais de estudo; o estudo indonésio foi realizado num ambiente rural, enquanto o nosso estudo foi realizado num ambiente urbano. Um inquérito realizado na República Dominicana por Baum et al (2014) referiu que 47% da água consumida em casa não era segura, o que é inferior ao que foi referido no presente estudo (52,0%). A discordância pode ter sido explicada pelo facto de o estudo dominicano se ter centrado apenas na análise de fontes de água melhoradas. Além disso, o estudo avaliou a qualidade da água com base na contaminação apenas com *E. coli*, enquanto o presente estudo considerou a contaminação com todos os coliformes, incluindo *E. coli*. O estudo dominicano também recolheu amostras de água apenas na fonte, ao contrário do nosso estudo, em que as amostras foram recolhidas dos recipientes de armazenamento de água domésticos. Avaliação da qualidade bacteriológica da água doméstica em

O Gana registou a presença de coliformes totais em todas as amostras recolhidas em vários pontos da cadeia de recolha de águas pluviais, desde a queda livre até ao armazenamento (Owusu-Boateng & Gadogb, 2016). Este estudo foi efectuado numa comunidade com dificuldades hídricas e envolveu apenas água da chuva, o que pode explicar a incongruência dos resultados com os do presente estudo. Em Naivasha, no Quénia, Donde et al (2015) verificaram que todas as amostras de água recolhidas no ponto de acesso, nos vendedores e nos agregados familiares tinham uma qualidade bacteriana acima das normas recomendadas para a água potável, pelo que era imprópria para consumo. As elevadas prevalências registadas no estudo de Naivasha podem ser atribuídas ao facto de o inquérito se ter centrado apenas numa única fonte de água: os furos.

Entre os factores sociodemográficos que foram avaliados no presente estudo, apenas o sexo foi considerado um indicador significativo da qualidade microbiana da água consumida nos agregados familiares da área de estudo. Nos bairros de lata urbanos de Hyderabad, na Índia, Eshcol et al (2009) não encontraram qualquer associação entre a qualidade microbiana da água e as caraterísticas demográficas, incluindo o sexo. A educação do inquirido não foi um fator de previsão significativo da qualidade da água consumida na área de estudo. Muito provavelmente, isto reflecte o facto de o currículo do sistema educativo não abranger universalmente aspectos relacionados com a água potável segura.

No presente estudo, o tratamento da água a nível doméstico foi associado a um menor risco de contaminação da água. Foram registados resultados semelhantes no inquérito realizado no Peru, onde o tratamento da água num agregado familiar foi associado a uma diminuição de quase 50% do risco de ter água contaminada (Heitzinger et al 2015). Ao contrário do nosso estudo, em que os níveis de contaminação não eram diferentes naqueles que costumavam armazenar água em recipientes abertos em comparação com os fechados, Heitzinger e a sua equipa (2015) relataram que os recipientes de armazenamento com tampa tinham uma probabilidade significativamente menor de ter água contaminada. O último estudo centrou-se na contaminação de fontes de água melhoradas com *E. coli* em agregados familiares com pelo menos uma criança com menos de 5 anos de idade, enquanto os agregados familiares do nosso inquérito utilizavam fontes de água melhoradas e não melhoradas. Além disso, a nossa avaliação da qualidade da água baseou-se em todos os coliformes e não apenas na *E. coli*, o que provavelmente contribuiu para a divergência dos resultados dos dois estudos.

O nosso estudo associou o tratamento da água ao nível do agregado familiar com o facto de ter água de boa qualidade. Este facto está de acordo com uma investigação realizada na Indonésia que também associou o tratamento da água armazenada por cloração ao facto de se ter água potável própria para consumo humano (Gupta & Quick 2006, Gupta et al 2007). Sundeep e a sua equipa também observaram que a utilização de sabão para lavar as mãos e a utilização de uma latrina estavam associadas a uma menor contaminação da água potável (Gupta et al 2007). O acesso a uma instalação de saneamento (casas de banho, latrinas, etc.) foi preditivo de boa qualidade da água no inquérito atual. As diferenças nos resultados dos dois estudos podem talvez dever-se ao facto de o último estudo não ter avaliado a utilização das instalações de saneamento. Ter acesso a uma instalação de saneamento pode nem sempre traduzir-se na sua utilização.

Verificou-se que os recipientes de armazenagem melhorados (de boca estreita) não eram mais eficazes na proteção da água armazenada contra a contaminação do que os recipientes de armazenagem não melhorados (de boca larga). Esta conclusão contrasta com a de Wright et al (2004), que mostrou que a utilização de recipientes de armazenamento melhorados estava associada a uma menor contaminação da água. É de salientar que os recipientes de armazenamento apenas protegem a recontaminação da água armazenada.

Gupta et al (2007) descobriram que os agregados familiares com uma latrina tinham menos probabilidades de ter água potável contaminada, o que contrasta com os resultados do nosso estudo. A utilização diferencial destas instalações sanitárias entre os dois locais de estudo pode ser a razão por detrás das variações nos resultados entre os dois inquéritos. Pelo contrário, a utilização de sanitas rápidas foi associada a um maior risco de ter água de má qualidade microbiana em comparação com a utilização de latrinas de fossa. Isto pode ser resultado da incapacidade de manter a limpeza das latrinas rápidas devido à inadequação da água disponível e à eventual contaminação da água e possivelmente das mãos. Também é possível que os canos que ligam as latrinas e o sistema de eliminação de esgotos estejam próximos dos canos de água e que possa haver fugas e troca de conteúdos entre os dois sistemas.

Um estudo transversal de agregados familiares peri-urbanos no Camboja sobre a contaminação microbiana da água armazenada foi significativamente associado a práticas de armazenamento e manuseamento observadas, incluindo mergulhar as mãos ou recipientes na água ($P < 0,005$) e ter um recipiente de armazenamento descoberto ($P = 0,052$) (Shaheed et al 2014). Os recipientes de armazenamento melhorados (de boca estreita) não foram mais eficazes na proteção da água armazenada contra a contaminação microbiana do que os recipientes de armazenamento de boca larga. Um estudo efectuado por Gupta et al (2007) documentou conclusões semelhantes. Por outro lado, estudos anteriores também mostraram que a utilização de recipientes de armazenamento de água melhorados poderia proteger a qualidade da água armazenada de fontes limpas evitando a recontaminação (Trevett 2002; Wright et al 2004). É de notar que os recipientes de armazenamento melhorados apenas previnem a recontaminação da água, portanto, se a água foi contaminada na fonte, investir num armazenamento melhorado não altera a sua qualidade. Isto pode explicar a falta de convergência nos resultados de várias investigações sobre esta questão.

A limpeza regular do recipiente de armazenamento de água e do recipiente utilizado para retirar água não foi associada à qualidade da água neste estudo. Pelo contrário, o estudo peruano mostrou que a limpeza dos recipientes estava associada a um menor risco de contaminação da água (Heitzinger et al 2015). A discrepância observada nos resultados pode dever-se ao facto de tais avaliações auto-relatadas poderem não refletir necessariamente a prática real e de as pessoas tenderem a responder afirmativamente a tais questões, sobrestimando assim a prevalência de tais práticas. Além disso, a limpeza do recipiente por si só pode não contribuir muito para melhorar a qualidade da água, uma vez que a mesma água contaminada está a ser utilizada para limpar os recipientes.

Tirar água do recipiente para beber por imersão ou derramamento não foi um indicador significativo da qualidade da água na área de estudo. Muito provavelmente, isto evidencia a existência de práticas de higiene inadequadas no manuseamento da água e outras práticas, como a lavagem das mãos, que não foram avaliadas no presente estudo.

Os resultados apresentados neste estudo devem ser interpretados e generalizados à luz de uma série de limitações. O estudo foi realizado numa povoação informal de uma cidade. Consequentemente, os resultados podem não ser generalizados para o resto da cidade, outras áreas urbanas ou áreas rurais do Quénia. Além disso, o estudo foi efectuado durante a estação seca, não captando assim as variações sazonais da qualidade microbiana da água. A baixa pluviosidade destes meses pode ter resultado numa melhor qualidade microbiana da água do que numa estação das chuvas, devido à mobilização da contaminação fecal que degrada a qualidade microbiana das águas superficiais e subterrâneas.

Poucos estudos analisaram a qualidade microbiana da água e os seus correlatos ao nível do agregado familiar em contextos de recursos limitados, como as povoações informais de uma cidade. Este estudo acrescenta assim novos conhecimentos neste domínio. O estudo utilizou uma abordagem rigorosa na avaliação da qualidade da água, considerando não só *a E. coli* mas também outros coliformes. Consequentemente, as estimativas comunicadas no estudo podem ser mais exactas na representação da qualidade da água na área de estudo e, possivelmente, em contextos comparáveis.

CAPÍTULO 5

CONCLUSÃO

Verificou-se que a maioria dos agregados familiares no estudo consumia água de má qualidade microbiana. Considerando que quatro em cada cinco agregados familiares nas zonas urbanas têm acesso a fontes de água melhoradas, estes resultados revelam provavelmente as limitações da utilização de fontes de água melhoradas como indicador do acesso a água segura. Podem também ser um indicador da desigualdade no acesso a fontes de água melhoradas nas zonas urbanas e/ou de práticas deficientes de manuseamento da água. É necessário efetuar mais investigação para obter informações sobre a causa dos elevados níveis de contaminação observados na área de estudo. Também é importante a necessidade urgente de instituir medidas para garantir a segurança da água a nível doméstico. Isto pode incluir o tratamento da água, uma melhor higiene pessoal, práticas seguras de manuseamento e armazenamento da água.

REFERÊNCIAS

Centro Africano de Investigação sobre População e Saúde (APHRC). 2002. *Population and Health Dynamics in Nairobi Informal Settlements (Dinâmica da População e da Saúde nos Assentamentos Informais de Nairobi)*. Nairobi: APHRC.

Baum, R., Kayser, G., Stauber, C., & Sobsey, M. (2014). Avaliação da qualidade microbiana de fontes melhoradas de água potável: resultados da República Dominicana. *Am. J. Trop. Med. Hyg.* 90(1), 121-123.

Binns, T., Dixon, A. e Nel, E., 2012: *África: Diversity and Development*. London: Routledge.

Donde O. O., Wairimu A. M.2, Shivoga A. W. 3, Trick G. C.4,5 e Creed F. I.6 Contaminação bacteriana fecal da água de furos entre pontos de acesso e pontos de utilização em Naivasha, Quénia; Implicações para a saúde pública. *Egerton J. Sci. & Technol.* 13: 165-84

Eshcol, J., Mahapatra, P., & Keshapagu, S. (2009). Is fecal contamination of drinking water after collection associated with household water handling and hygiene practices? A study of urban slum households in Hyderabad, India. *Journal of water and health*, 7(1), 145-154.

Grady, C. A., Kipkorir, E. C., Nguyen, K., & Blatchley, E. R. (2015). Qualidade microbiana de fontes de água potável melhoradas: Evidências do oeste do Quénia e do sul do *Vietname. Journal of water and health*, 13(2), 607-612.

Gupta, S. K., & Quick, R. (2006). Qualidade inadequada da água potável dos camiões-cisterna após um desastre provocado pelo tsunami, Aceh, Indonésia, junho de 2005. *Disaster Prevention and Management: An International Journal*, 15(1), 3-7.

Gupta, S. K., Suantio, A., Gray, A., Widyastuti, E., Jain, N., Rolos, R & Quick, R. (2007). Factores associados à contaminação por E. coli da água de consumo doméstico entre os sobreviventes do tsunami e do terramoto, Indonésia. *Am. J. Trop. Med. Hyg.* 76(6), 1158-1162.

Haydar, S., Arshad, M. e Aziz, J.A., (2016). Avaliação da qualidade da água potável em áreas urbanas do Paquistão: Um estudo de caso do sul de Lahore. *Jornal do Paquistão de*

Engenharia e Ciências Aplicadas 1: 5-7.

Heitzinger, K., Rocha, C.A., Quick, R.E., Montano, S.M., Tilley Jr, D.H., Mock, C.N., Carrasco, A.J., Cabrera, R.M. e Hawes, S.E., (2015). Melhorado", mas não necessariamente seguro: Uma avaliação da contaminação fecal da água potável doméstica no Peru rural. *Am. J. Trop. Med. Hyg. 93*(3), 501-508.

Gabinete Nacional de Estatística do Quénia (KNBS). (2015). *Inquérito Demográfico e de Saúde do Quénia de 2014*. Nairobi. KNBS.

Kimani-Murage, E.E. e Ngindu, A.M. 2007: Quality of Water the Slum Dwellers Use: The Case of a Kenyan Slum. *Jornal de Saúde Urbana* 84 (6), 829- 838.

Kooy, M., 2014: Desenvolvendo a informalidade: A produção da paisagem aquática urbana de Jacarta. *Water Alternatives* 7, 35-53.

Misra, K., 2014: Da formal-informal à formalização emergente: Fluididades na produção de paisagens aquáticas urbanas. *Water Alternatives* 7, 15-34.

Owusu-Boateng, G. & Gadogbe, M. K. (2015). Recolha doméstica de água da chuva numa comunidade com stress hídrico e variação da qualidade da água da chuva desde a fonte até ao armazenamento. *Consilience: The Journal of Sustainable Development*, 14(2), 225-243.

Shaheed, A., Orgill, J., Ratana, C., Montgomery, M.A., Jeuland, M.A. e Brown, J., (2014). Riscos de qualidade da água de fontes de água "melhoradas": evidências do Camboja. *Tropical medicine & international health*, *19*(2), 186-194.

Smiley, S.L., 2013: Complexidades do acesso à água em Dar es Salaam, Tanzânia. *Geografia Aplicada* 41, 132-138.

Sodha, S.V., Menon, M., Trivedi, K., Ati, A., Figueroa, M.E., Ainslie, R., Wannemuehler, K. e Quick, R., (2011). Microbiologic effectiveness of boiling and safe water storage in South Sulawesi, Indonesia. *Journal of water and health*, *9*(3), 577-585.

Welch, P., David, J., Clarke, W., Trinidade, A., Penner, D., Bernstein, S.,

McDougall, L. e Adesiyun, A.A., (2000). Qualidade microbiana da água em comunidades rurais de Trinidad. *Revista Panamericana de SaludPŭbИca*, 8(3), 172-180.

OMS. 1997. Guidelines for Drinking Water Quality, 2nd edition, Vol. 3. Genebra:

OMS.

OMS. 2008. *Estimativas do peso global da doença, atualização de 2004*. Genebra: OMS.

WHO/UNICEF/WSSCC. 1996. *Relatório de Acompanhamento do Setor de Abastecimento de Água e Saneamento de 1996 (Situação do Setor em 31 de dezembro de 1994)*.
OMS/EOS/96.15. Genebra: OMS.

Wright J, Gundry S, Conroy R. (2004). Água potável para uso doméstico nos países em desenvolvimento: A systematic review of microbiological contamination between source and point-of-use. *TropMedInt Health* 9: 106-117.

Tabl e of contents

Printed by Books on Demand GmbH, Norderstedt / Germany